技工院校汽车类专业（中级技能层级）
中等职业学校汽车类专业

柴油机构造与维修（第三版）习题册

朱建勇　主编

中国劳动社会保障出版社

简介

本习题册是技工院校汽车类专业教材（中级技能层级）/ 中等职业学校汽车类专业教材《柴油机构造与维修（第三版）》的配套用书。内容紧扣教材的教学要求，注重基础知识的巩固和基本能力的培养，知识点分布均衡，题型丰富，难易适当，有助于学生复习巩固所学知识。

本习题册由朱建勇任主编，于延超任副主编，李金欣、郑烨珺、栾玉敏参与编写。

图书在版编目（CIP）数据

柴油机构造与维修（第三版）习题册 / 朱建勇主编．北京：中国劳动社会保障出版社，2024. --（技工院校汽车类专业）（中等职业学校汽车类专业）. -- ISBN 978-7-5167-6782-5

Ⅰ. TK42-44

中国国家版本馆 CIP 数据核字第 2024RD0215 号

中国劳动社会保障出版社出版发行

（北京市惠新东街 1 号　邮政编码：100029）

*

北京市鑫霸印务有限公司印刷装订　新华书店经销

787 毫米 ×1092 毫米　16 开本　3.25 印张　57 千字

2024 年 12 月第 1 版　　2024 年 12 月第 1 次印刷

定价：7.00 元

营销中心电话：400-606-6496

出版社网址：https://www.class.com.cn

https://jg.class.com.cn

目　录

项目一　柴油机整体构造

任务　柴油机概述

一、填空题（将正确答案填写在横线上）

1. 柴油机一般是由____大机构和____大系统组成。

2. 按照一个工作循环所需的行程数，柴油机分为__________柴油机和__________柴油机。

3. 按照冷却方式不同，柴油机分为__________柴油机和__________柴油机。

4. 按进气系统是否采用增压方式，柴油机分为________________柴油机和________________柴油机。

5. 单缸四行程柴油机每个工作循环中的活塞行程分别为____________、____________、____________和____________。

6. 汽油机可燃混合气的着火方式为__________，柴油机可燃混合气的着火方式为__________。

7. 通常活塞行程为曲柄半径的________。

8. 活塞从一个止点运动到另一个止点所扫过的容积称为__________________。

9. 曲轴旋转中心到曲柄销中心之间的距离称为____________。

10. 多缸柴油机所有气缸工作容积的总和为________________，用 V_i 表示。

11. 柴油机的主要性能指标包括________________和________________。

12. 动力性是表征柴油机做功能力大小的指标，一般用柴油机的有效转矩、____________、________和________________等作为评价柴油机动力性好坏的指标。

13. 柴油机经济性指标包括________________和______________________等。

14. 燃料燃烧所产生的热量转化为有效功的百分比称为________________。

15. 柴油机每输出 1 kW · h 的有效功所消耗的燃油量称为______________________。

二、判断题（正确的，在括号内打“√”；错误的，在括号内打“×”）

1. 柴油机和汽油机的结构是一样的。（　　）

2. 曲轴转一圈（360°），活塞在气缸内上下往复运动两个行程，完成一个工作循环的柴油机称为二行程柴油机。（　　）

3. 四行程柴油机一个工作循环中曲轴转四圈。（　　）

4. 气缸总容积是气缸工作容积和燃烧室容积之和。（　　）

5. 柴油机的压缩比一般为 6~11。（　　）

6. 汽油机和柴油机都属于内燃机，其可燃混合气的形成方式是相同的。（　　）

7. 柴油机常采用自然吸气式进气系统。（　　）

8. 柴油机的排量也称为柴油机的工作容积。（　　）

三、选择题（将正确答案的序号填写在括号内）

1. 进气门打开、排气门关闭的行程是（　　）行程。

A. 进气　　B. 做功

C. 压缩　　D. 排气

2. 气缸内的气体在（　　）行程时，温度和压力达到最大。

A. 进气　　B. 做功

C. 压缩　　D. 排气

3. 气缸数越（　　），柴油机运转越（　　）。

A. 少　平稳　　B. 少　不稳定

C. 多　平稳　　D. 多　不稳定

四、名词解释

1. 上止点

2. 下止点

3. 活塞行程

4. 燃烧室容积

5. 气缸总容积

6. 压缩比

五、简答题

1. 柴油机由哪几部分组成?

2. 汽油机与柴油机有哪些不同?

项目二　曲柄连杆机构

任务1　机　体　组

一、填空题（将正确答案填写在横线上）

1．曲柄连杆机构由__________、______________和______________三部分组成。

2．________是柴油机的支架，是曲柄连杆机构、配气机构和柴油机各系统主要零部件的装配基体。

3．机体组主要由________、________、________和________等零部件组成。

4．气缸体一般由________铸成。

5．气缸体与气缸盖裂纹通常用__________进行检验。

6．在正常使用情况下，气缸沿高度方向磨损呈__________________，最大磨损处发生在活塞处于________位置时第一道活塞环对应的________位置。

7．特殊情况下，尤其是沙尘较大且滤清不良或连杆扭曲时，气缸套可能会呈现_______________________________磨损。

8．测量气缸磨损时，通常取____、____、____三个截面，并在气缸的_____和_____两个方向测量。

9．气缸体的结构形式有________、________和________三种。

10．水冷式柴油机的气缸体周围和气缸盖内设有水流通道，称为_______。

11．按气缸的排列形式不同，可将气缸体分成________、_____和________三种。

二、判断题（正确的，在括号内打“√”；错误的，在括号内打“×”）

1．拧紧气缸盖螺栓时，必须按从四周向中央对称集中的顺序分2~3次进行。（　　）

2．油底壳底部装有放油螺塞，放油螺塞带有磁性，可吸附润滑油中的金属屑，减少柴

油机的磨损。（　　）

3．干式气缸套散热良好，冷却均匀，加工容易，通常只需要精加工内表面。（　　）

4．气缸盖螺栓拆装顺序不当是引起气缸体和气缸盖变形的主要原因之一。（　　）

5．气缸垫有正反面之分，一般标记有“TOP（向上）”或“FRONT（向前）”字样的为正面。（　　）

6．与活塞环不接触的气缸体上平面由于几乎不发生磨损而形成明显的缸肩。（　　）

三、选择题（将正确答案的序号填写在括号内）

1．气缸体上平面的平面度误差应不大于（　　）mm。

A．0.15　　B．0.20

C．0.25　　D．0.30

2．安装气缸垫时，应注意（　　）面应朝向易修正的接触面或硬平面。

A．光滑　　B．正

C．粗糙　　D．反

3．气缸排成两列，左右两列气缸在同一水平面上，即左右两列气缸中心线的夹角 $\gamma=180°$，称为（　　）气缸体。

A．直列式　　B．对置式

C．V 形　　D．并列式

四、简答题

1．简述曲柄连杆机构的作用。

2．简述气缸盖的作用。

3. 简述气缸垫的作用及安装位置。

任务2　活塞连杆组

一、填空题（将正确答案填写在横线上）

1. 活塞连杆组由______、__________、__________、______和____________等部件组成。

2. 活塞由____________、____________和____________三部分组成。

3. 活塞环是具有弹性的__________，有______和______之分。

4. 气环的密封效果一般与____________有关，柴油机一般采用____道气环。

5. 活塞销与活塞销座孔及连杆小头衬套孔的连接配合有两种方式，即__________安装和__________安装。

6. 活塞头部除用来安装活塞环外，还有______和______作用。

7. 活塞裙部对活塞在气缸内的往复运动起______作用，并承受__________。

8. 油环有____________和________________两种。

9. 活塞销的作用是连接______和____________，并把活塞承受的____________传给连杆。

10. 连杆分为____________、____________和____________________________________三个部分。

二、判断题（正确的，在括号内打“√”；错误的，在括号内打“×”）

1．活塞顶部是燃烧室的组成部分。（ ）

2．为了润滑活塞销与衬套，在连杆小头和衬套上铣有油槽或钻有油孔，以收集柴油机运转时飞溅上来的润滑油。（ ）

3．活塞承受气体压力很大，特别是进气行程压力最大。（ ）

4．活塞销一般做成实心圆柱体。（ ）

5．活塞环在气缸内有开口间隙（端隙），与活塞环槽间有侧隙与背隙。（ ）

6．活塞要有足够的刚度和强度，传力可靠。（ ）

7．连杆螺栓损坏后绝不能用其他螺栓来代替。（ ）

8．组合式油环的接触压力高，对气缸壁表面的适应性好，且回油通路大，质量小，刮油效果明显。（ ）

三、选择题（将正确答案的序号填写在括号内）

1．扭曲环可以减轻“泵油”的副作用，因此被广泛地应用于第（ ）道活塞环槽上。

A．一　　B．二　　C．三　　D．四

2．活塞沿高度方向的温度分布不均匀，一般是（ ）、（ ），膨胀量相应是（ ）、（ ）。

A．上部低　下部高　上部大　下部小

B．上部高　下部低　上部小　下部大

C．上部低　下部高　上部小　下部大

D．上部高　下部低　上部大　下部小

四、名词解释

1．端隙

2．侧隙

3．背隙

五、简答题

1．简述活塞的作用。

2．简述气环的作用。

3．对活塞的要求有哪些？

4. 简述连杆的作用。

任务3　曲轴飞轮组

一、填空题（将正确答案填写在横线上）

1. 曲轴飞轮组主要由______、______和其他附件等组成。

2. 曲轴的支承方式有两种，一种是________________，另一种是__________________。

3. 直列式柴油机曲拐的数______气缸数，V形柴油机的曲拐数等于气缸数的______。

4. 曲轴前端装有____________、____________和______的带轮等。

5. 曲轴后端用来安装______。

6. 曲轴裂纹多发生在曲柄臂与轴颈之间的____________及______处。

7. 曲轴裂纹可用____________法检查。

8. 曲轴一般由___________、_____________、________、__________、前端和后端等组成。

9. 曲柄是__________和____________的连接部分，其断面为椭圆形。

10. 曲轴的形状和曲拐相对位置（即曲拐的布置）取决于__________、气缸排列和________________________。

11. ____________和________________分为上、下两个半片，称为轴瓦。

二、判断题（正确的，在括号内打"√"；错误的，在括号内打"×"）

1. V形柴油机的连杆轴颈数等于气缸数。（　　）

2. 在曲轴转角720°内，柴油机的每个气缸应该着火做功一次。（　　）

3. 飞轮与曲轴在制造时应一起进行动平衡试验。（　　）

4. 曲轴是一种扭转弹性系统，其本身具有一定的自振频率。（　　）

5．四缸四行程柴油机的着火间隔角为 720° /4 = 180°，由轴每转半圈（180°）做功一次，四个气缸的做功行程是同时进行的。（　　）

三、选择题（将正确答案的序号填写在括号内）

1．六缸四行程直列式柴油机的着火间隔角为（　　）。

A．60°　　B．90°　　C．120°　　D．180°

2．飞轮上通常刻有（　　）记号，用于气门间隙调整或零部件装配时确认活塞状态。

A．活塞上止点　　B．点火正时

C．一缸上止点　　D．一缸下止点

3．曲轴轴颈的磨损通常用外径千分尺来测量。每个轴颈测量两个截面，每个截面测量（　　）个方向的直径。

A．1~2　　B．2~3　　C．2~4　　D．3~4

四、名词解释

1．全支承曲轴

2．非全支承曲轴

五、简答题

1．简述曲轴的作用。

2．简述飞轮的作用。

项目三 配 气 机 构

任务1 配气机构概述

一、填空题（将正确答案填写在横线上）

1. 按凸轮轴的布置形式不同，配气机构分为________________、________________和________________。

2. 按凸轮轴的传动方式不同，配气机构分为__________、_______和____________。

3. 柴油机的配气机构由_________和_______________两部分组成。

4. 气门组用来封闭_____________。

5. 凸轮轴正时链轮的齿数为曲轴正时链轮的___倍，以实现传动比为_____________。

6. 对于每缸4个气门的排列方式，进、排气门可分置于柴油机_____，可以通过一根凸轮轴利用_________驱动所有气门，或异名气门由各自的凸轮轴来驱动。

二、判断题（正确的，在括号内打“√”；错误的，在括号内打“×”）

1. 凸轮轴下置式配气机构在柴油机上应用最为广泛。 （ ）

2. 链传动具有传动平稳、可靠、无需调整等优点，为大多凸轮轴下、中置式配气机构所采用。 （ ）

3. 齿轮传动具有工作可靠、噪声小、质量小、调整方便、无需润滑等优点，适用于凸轮轴顶置式、功率小的柴油机。 （ ）

三、选择题（将正确答案的序号填写在括号内）

1. 气门的打开是靠（ ）。

A．凸轮的推动力　　B．气门弹簧的压力

C．惯性力　　D．曲轴的推动力

2. 以下不属于柴油机配气机构的零件是（　　）。

A. 凸轮轴　　B. 活塞　　C. 推杆　　D. 摇臂

四、简答题

1. 简述配气机构的作用。

2. 简述配气机构的组成。

任务2　气　门　组

一、填空题（将正确答案填写在横线上）

1. 气门密封锥面与顶平面之间的夹角 α，称为＿＿＿＿＿＿，一般为＿＿。

2. 为了更好地进气，进气门头部直径一般比排气门头部直径＿＿。

3. 气门导管与气门杆之间留有＿＿＿＿＿＿＿＿＿mm 的间隙。

4. 气门组包括＿＿＿、＿＿＿＿、＿＿＿＿＿及＿＿＿＿＿等。

5. 气门导管的作用是为气门的运动做＿＿＿，保证气门的＿＿＿＿＿运动和气门关闭时能与气门座正确贴合，并为气门杆______。

6. 气门弹簧座常用的固定方式有________________和__________。

7. 用外径千分尺或游标卡尺对气门磨损情况进行测量检查，若测得尺寸不符合规定，应____________。

8. 气门顶部的形状分为______、____________和__________。

9. 气门弹簧是__________的螺旋弹簧，位于__________与______________________之间。

10. 气门头部由____________和__________________组成。

11. 气门头部和杆身部分必须是______连接，气门杆身尾端的结构主要取决于________________的固定方式。

二、判断题（正确的，在括号内打“√”；错误的，在括号内打“×”）

1. 气门顶部形状为平顶的气门头部进、排气门均可采用。（　　）

2. 有的柴油机排气门的气门锥角为 30°。（　　）

3. 气门导管为空心管状体，镶嵌在气缸盖上。（　　）

4. 用百分表检查气门杆弯曲变形时，气门杆直线度误差一般应不大于 0.03 mm。（　　）

5. 有的柴油机在气门杆上设有气门油封，用以防止润滑油泄漏。（　　）

三、选择题（将正确答案的序号填写在括号内）

1. 某些柴油机的气门锥角比气门座锥角小（　　），该角称为气门干涉角。

A. 0.25°~0.5°　　B. 0.5°~0.75°

C. 0.5°~1°　　D. 1°~2°

2. 以下不属于气门弹簧的结构形式的是（　　）。

A. 等螺距弹簧　　B. 变螺距弹簧

C. 双气门弹簧　　D. 螺旋弹簧

3. 气门密封锥面能提高气门的密封性和导热性，气门落座时，有（　　）作用，避免气流转弯过大而降低流速，还能清除接触面的沉淀物，起（　　）作用。

A. 自定心　自洁　　B. 自定位　自洁

C. 自定心　过滤　　D. 自定位　过滤

四、简答题

1. 简述气门导管的作用。

2. 简述气门弹簧的作用。

任务3　气门传动组

一、填空题（将正确答案填写在横线上）

1. 气门传动组主要由________________________、______、_____和___________等组成。

2. 凸轮的轮廓应保证___________________________________符合配气相位的要求，且使气门有合适的______和____________。

3. 挺柱常见的结构形式有______、______和__________三种。大多数柴油机采用________________挺柱，某些大型柴油机采用__________挺柱。

4. 凸轮轴主要由______、______等组成。

5. 推杆的作用是将______的推力传给______，由型钢或冷拔无缝钢管制成。

6. 摇臂总成是将________________的推力改变方向后驱动____________。

二、判断题（正确的，在括号内打“√”；错误的，在括号内打“×”）

1. 凸轮轴的作用是利用凸轮来驱动和控制各缸气门的开启和关闭。（　　）

2．某些大型柴油机采用筒形挺柱。（　　）

3．挺柱的下端设有油孔，以便将漏入挺柱内的润滑油引到凸轮处进行润滑。（　　）

4．摇臂总成所有零件均安装在摇臂轴上，并通过摇臂轴支座用螺栓安装在凸轮轴上。（　　）

三、选择题（将正确答案的序号填写在括号内）

1．用外径千分尺测量凸轮的全高与凸轮基圆直径的（　　）来确定凸轮的磨损程度。

A．差值　B．和　C．比值　D．乘积

2．以下不属于凸轮轴磨损的主要表现的是（　　）。

A．支承轴颈表面的磨损　B．正时齿轮轮齿偏磨

C．凸轮表面的磨损　D．凸轮轴的弯曲变形

四、简答题

1．简述凸轮轴的作用。

2．简述凸轮轴磨损对柴油机的影响。

任务4　配气机构的检查与调整

一、填空题（将正确答案填写在横线上）

1. 四行程柴油机每完成一个工作循环，曲轴旋转______，各缸进、排气门各__________，凸轮轴旋转______。

2. 进气提前角 α 一般为__________________，进气滞后角 β 一般为__________________。

3. 由于存在进气提前角 α 和进气滞后角 β，进气门实际开启时间对应的曲轴转角为____________________，一般为____________________。

4. 排气提前角 γ 一般为__________________，排气滞后角 δ 一般为__________________。

5. 由于存在排气提前角 γ 和排气滞后角 δ，排气门实际开启时间对应的曲轴转角为____________________，一般为____________________。

6. 进、排气门同时开启过程所对应的曲轴转角，称为______________，其大小为__________。

7. 对柴油机性能影响最大的是______________，该角过小，导致进气门关闭过早而影响__________；该角过大，又会将______压回进气道内，同样影响柴油机的进气量。

8. 将进、排气门的实际开闭时刻和开启延续时间用相对于上、下止点曲拐位置曲轴转角的环形图来表示，称为______________。

9. 柴油机的排气过程和进气过程统称为____________，其目的是尽可能将气缸内的废气排除干净，并吸入更多的新鲜空气。

二、判断题（正确的，在括号内打“√”；错误的，在括号内打“×”）

1. 柴油机转速高，完成一个行程的时间极短。（　　）

2. 排气门是在排气行程中活塞到达上止点后，又开始下行一段距离时才关闭的。（　　）

3. 气门重叠现象可以避免。（　　）

4. 对柴油机性能影响最大的是排气提前角。（　　）

三、选择题（将正确答案的序号填写在括号内）

1．实际工作中，进、排气门的开启都（　　）180°曲轴转角。

A．小于　　B．等于　　C．大于　　D．大于或等于

2．当柴油机小负荷运转时，由于进气压力较低，要求气门重叠角（　　），否则会出现废气倒流，气量减少现象。

A．减小　　B．增大　　C．保持不变　　D．以上均可

四、名词解释

1．进气提前角

2．进气滞后角

3．排气提前角

4．排气滞后角

五、简答题

1．简述双排不进法的操作步骤。

2．简述逐缸调整法的操作步骤。

3．简述配气机构的工作原理。

项目四　润滑系与冷却系

任务 1　润滑系概述

一、填空题（将正确答案填写在横线上）

1．柴油机的润滑方式有＿＿＿＿＿＿＿＿、＿＿＿＿＿＿和＿＿＿＿＿＿三种方式。

2．润滑系一般由＿＿＿＿＿、＿＿＿＿＿、＿＿＿、＿＿＿＿＿＿＿＿、＿＿＿、＿＿＿＿＿＿＿＿等组成。

3．某些热负荷较高的柴油机，常用＿＿＿＿＿＿＿＿来对润滑油加强冷却。

4．油底壳用来储存＿＿＿＿＿，位于柴油机＿＿＿，同时起＿＿＿的作用。

5．机油散热器分为＿＿＿＿＿和＿＿＿＿＿两种。

6．齿轮式机油泵装在＿＿＿＿＿＿＿＿＿，由＿＿＿＿＿＿直接驱动，泵体内的主动齿轮和从动齿轮分别安装在＿＿＿＿＿、＿＿＿＿＿上。

7．机油滤清器分为＿＿＿＿＿、＿＿＿＿＿＿＿＿、＿＿＿＿＿＿＿＿三种，分别＿＿＿或＿＿＿在主油道中。

8．机油粗滤器为＿＿＿＿＿＿＿＿＿，＿＿＿在机油泵出油口与主油道之间，用来过滤润滑油中＿＿＿＿＿＿的杂质。

9．集滤器采用＿＿＿＿＿结构，安装在机油泵的＿＿＿＿＿＿，分为＿＿＿＿＿和＿＿＿两种形式。

10．离心式机油细滤器靠＿＿＿＿＿来分离杂质。

11．空冷式机油散热器一般安装在＿＿＿＿＿＿＿＿与主油道＿＿＿，利用＿＿＿流经散热器带走热量，使其中的润滑油得到冷却。

12．机油散热器进油管路中一般设有＿＿＿＿＿＿和＿＿＿＿＿，用来控制主油路润滑油的进入。

13．＿＿＿＿＿＿是将曲轴箱内的气体直接排入大气中。

14. ____________是将曲轴箱内的气体导入进气管内，并加以利用。

二、判断题（正确的，在括号内打“√”；错误的，在括号内打“×”）

1. 越来越多的柴油机，特别是大功率柴油机，为维护方便采用了旋装式机油粗滤器。（　　）

2. 润滑强度高且在上面容易布置油道的零件可以用飞溅润滑的方式。（　　）

3. 机油滤清器具有滤清能力强，流通阻力小，使用寿命长等性能。（　　）

4. 机油细滤器用来清除润滑油中微小的杂质、胶质和水分，由于阻力较大，多串联在润滑油路中。（　　）

5. 按固定方式不同，机油粗滤器的滤芯可分为拉杆式、卡箍式和旋装式三种。（　　）

6. 水冷式机油散热器一般安装在柴油机一侧，串联在主油道之前，冷却液在润滑油管路外流过时，对散热器内的润滑油进行冷却。（　　）

7. 机油泵大多装在曲轴箱内，通过曲轴驱动。（　　）

8. 油道完成冷却液的引导、输送及分配任务。（　　）

三、选择题（将正确答案的序号填写在括号内）

1. 下列零件采用压力润滑的是（　　）。

A. 水泵轴　　B. 曲轴主轴承

C. 活塞环　　D. 气缸套

2. 下列零件采用飞溅润滑的是（　　）。

A. 活塞　　B. 摇臂衬套

C. 连杆轴承　　D. 发电机

四、简答题

1. 简述润滑系的作用。

2．柴油机润滑系的润滑方式有哪些？主要应用在哪些场合？

3．简述机油泵的作用。

任务2　冷却系概述

一、填空题（将正确答案填写在横线上）

1．根据冷却介质不同，柴油机冷却系分为__________冷却系和__________冷却系。

2．柴油机上广泛采用的是__________冷却系。

3．冷却液在水冷式冷却系内的循环流动路线有两条，一条为__________，另一条为__________。

4．散热器由____________、____________和____________等组成。

5．散热器芯的结构形式有很多，常用的为__________和__________。

6．风扇通常安装在__________后，与______同轴。

7．风扇离合器的结构形式有__________和__________等。

8．车用柴油机上多采用__________水泵。

9．______节温器工作稳定，对冷却液的流动阻力小，使用寿命长，容易制造，应用广泛。

10．采用水冷式冷却系时，冷却液的温度一般应保持在________________。

11．水冷式冷却系主要由__________、______、______、水套和节温器等组成。

12．节温器通常位于__________________________，通过控制进入散热器的___________，自动调节冷却系的冷却强度。

13．散热器芯由许多__________和__________组成。

14．离心式水泵主要由______、______和__________等组成。

15．电磁式风扇离合器利用__________________________来自动控制电磁式风扇离合器电路的______与______，使风扇按需要工作。

16．水冷式冷却系以__________为冷却介质。

二、判断题（正确的，在括号内打“√”；错误的，在括号内打“×”）

1．冷却液的沸点应不高于水的沸腾温度。（　　）

2．水冷式冷却系的小循环流动路线长，散热强度大。（　　）

3．为提高冷却效果和保持冷却系统性能良好，多在冷却液中添加一定比例的防冻剂和

防锈剂。（ ）

4. 某些汽车柴油机上采用风扇离合器来控制风扇工作，以达到自动调节冷却强度的目的。（ ）

5. 水泵的作用是对冷却液加压，使之在冷却系中循环流动，保证冷却可靠。（ ）

6. 单阀蜡式节温器没有旁通阀，冷却液始终存在着小循环。（ ）

7. 蜡式节温器工作不正常可以拆除。（ ）

三、选择题（将正确答案的序号填写在括号内）

1. 入冬时，必须检查冷却系内冷却液的（ ）。

A. 质量　B. 浓度　C. 液面高度　D. 温度

2. 在严寒地带温度较低时，柴油机内的冷却液只进行小循环，冷却液在散热器内可能冻结。因此，须在散热器前安装（ ）。

A. 挡风装置　B. 保温装置　C. 节温器　D. 散热器

四、简答题

1. 简述水冷式冷却系的组成。

2. 写出水冷式冷却系的大、小循环路线。

3. 简述风扇的作用。

4．简述节温器的作用。

5．加注或更换冷却液时需要注意哪些问题？

6．简述冷却液的特性。

项目五　燃料供给系

任务1　燃料供给系概述

一、填空题（将正确答案填写在横线上）

1. 柴油机是以______为燃料的内燃机。

2. 柴油与汽油相比__________、___________。

3. 柴油机燃料供给系由_____________________、____________________、______________________和__________________组成。

4. 燃料供给装置由__________、____________、___________、_________________、__________、____________、__________和__________等组成。

5. 空气供给装置由________________、____________和气缸盖内的__________等组成。

6. 混合气形成装置为__________。

7. 柴油机燃料供给系的基本油路包括____________、____________和____________。

8. 柴油机采用____________的方法，在压缩冲程结束稍前时刻，把______直接喷入燃烧室内部与______混合形成可燃混合气。

9. 按结构形式不同，柴油机燃烧室分成_______________________和__________________两大类。

10. 直接喷射式燃烧室的结构形式有__________________和________________。

11. 分隔式燃烧室的结构形式有______________________和______________________。

12. U形燃烧室多采用________________喷油器，喷油孔直径______，不易堵塞，喷油压力______。

13. 按工作原理不同，汽车柴油机调速器可分为__________、__________、__________、机械气动复合式、机械液压复合式和电子式等多种形式。

14. 按起作用的转速范围不同，汽车柴油机调速器可分为__________________和_________________。

15．RQ 型两级式调速器由__________、__________和__________三部分组成。

16．柴油滤清器的作用是除去柴油中的__________和_____。

17．柴油滤清器由__________、_____和_____等组成。

18．柴油滤清器按其滤清效果可分为________和________两种，一般柴油机将两种滤清器_____来使用。

19．输油泵的结构形式有________、________、________和叶片式等。

20．废气涡轮增压器通常由________、________和________三部分组成。

二、判断题（正确的，在括号内打“√”；错误的，在括号内打“×”）

1．柴油机燃料供给系从喷油泵到喷油器这段高压油路，其油压由输油泵建立。（　　）

2．柴油机柴油的供给任务主要由高压油路来完成。（　　）

3．输油泵的供油量等于喷油泵的出油量。（　　）

三、选择题（将正确答案的序号填写在括号内）

1．低压油路的油压一般为（　　）。

A．15~30 kPa　　B．15~30 MPa

C．150~300 kPa　　D．150~300 MPa

2．高压油路的油压一般在（　　）MPa 以上。

A．5　　B．10　　C．15　　D．20

3．ω 形燃烧室的特点是柴油喷射压力高，一般为（　　）MPa。

A．17~22　　B．20~25　　C．25~28　　D．30~35

四、简答题

1．简述柴油机燃料供给系的作用。

2. 低压油路的作用是什么？

3. 高压油路的作用是什么？

4. 回油油路的作用是什么？

5. 简述柴油机可燃混合气的形成过程。

任务 2　机械式喷油器

一、填空题（将正确答案填写在横线上）

1. 根据柴油混合气的形成与燃烧要求，机械式喷油器应具有________________________、______以及合适的____________。

2. 柴油机机械式喷油器有______喷油器和__________喷油器两种。

3. 孔式喷油器适用于对喷雾质量要求较高的________________________。

4. 针阀和针阀体是喷油器的主要部件，二者合称为____________。

5. 轴针式喷油器适用于对喷雾质量要求不高的____________燃烧室和____________燃烧室。

6. 孔式喷油器主要由______、__________、______、____________和进油管接头等组成。

7. 轴针式喷油器分为________________喷油器、________________喷油器和________________喷油器。

二、判断题（正确的，在括号内打“√”；错误的，在括号内打“×”）

1. 孔式喷油器调压弹簧的弹力通过顶杆作用在针阀上，可通过调压螺钉改变调压弹簧的预紧力来调整喷油压力。（　　）

2. 采用分流轴针式喷油器的主要目的是减少着火滞后期内喷入燃烧室的燃油量，以降低柴油机的压力升高率和最高燃烧压力，降低柴油机的噪声。（　　）

3. 孔式喷油器的喷孔数目多，喷油孔直径大，喷油压力高，自洁能力差。（　　）

三、选择题（将正确答案的序号填写在括号内）

1. 针阀上部的圆柱表面与针阀体相应的内圆柱面为高精度的（　　）配合。

A．间隙　　B．过盈

C．滑动　　D．滚动

2.（　　）喷油器自洁能力强，喷油孔不易积炭和堵塞。

A．孔式　　B．轴针式

C．开式　　D．以上均正确

3. 孔式喷油器的喷油压力可通过调压螺钉调整，拧入时压力（　　），反之压力（　　）。

A．减小　增大　　B．不变　减小

C．增大　减小　　D．增大　不变

4. 低惯量喷油器取消了（　　），改用一质量较小的弹簧下座，把调压弹簧下移到接近针阀的尾部。

A．运动件顶杆　　B．调整螺钉

C．垫片　　D．针阀偶件

四、简答题

1. 简述机械式喷油器的作用。

2. 简述低惯量喷油器的结构特点。

任务3 柱塞式喷油泵

一、填空题（将正确答案填写在横线上）

1. 柱塞式喷油泵主要由______、__________________、___________和______四部分组成。

2. 在柱塞式喷油泵分泵中，___________和________________是两个极其重要的偶件。

3. 常见的喷油泵油量调节机构有_________________________________油量调节机构、__________油量调节机构、__________油量调节机构。

4. 喷油泵的驱动机构由__________________和________________等组成。

5. 供油提前角是指喷油泵正确的___________，供油提前角对柴油机性能影响很大。

6. 喷油泵的结构形式有很多，常见的喷油泵可分为__________________、___________

__________和________________。

7．出油阀的下部呈__________，既能______，又能通过柴油。

8．柱塞由其下止点移动到上止点所经过的距离称为__________。

9．__________和__________是一对精密偶件，配对研磨后不能互换。

10．供油提前角调节装置通常安装在__________与__________之间，由主动部分和从动部分组成。

二、判断题（正确的，在括号内打“√”；错误的，在括号内打“×”）

1．柱塞和柱塞套可以互换。（　　）

2．喷油泵在整个柱塞行程内都供油。（　　）

3．将柱塞相对柱塞套偏转过一个角度即可改变喷油量。（　　）

4．出油阀的锥面下有一个小的圆柱面，称为减压环带，其作用是在供油终了时，使高压油管内的油压迅速下降，避免喷油孔处产生滴油现象。（　　）

5．四缸柴油机的供油间隔角为90°，六缸柴油机的供油间隔角为60°。（　　）

6．机械离心式供油提前角调节装置应用最广泛。（　　）

三、选择题（将正确答案的序号填写在括号内）

1．柱塞式喷油泵进油时，柱塞（　　），泵腔内的容积（　　），产生真空，柴油被吸入到泵腔内。

A．下行　减小　　B．下行　增大

C．上行　减小　　D．上行　增大

2．（　　）的特点是将喷油泵和喷油器合成一体，直接安装在气缸盖上，以消除高压油管带来的不利影响。

A．柱塞式喷油泵　　B．转子分配式喷油泵

C．喷油泵－喷油器　　D．输油泵

四、简答题

1．简述喷油泵的作用。

2. 简述供油提前角调节装置的作用。

任务4　柴油机进、排气系统

一、填空题（将正确答案填写在横线上）

1. 柴油机的进气系统主要由________________、____________和__________等组成；排气系统主要由____________、__________、________________等组成。

2. 空气滤清器一般由________________、______________________和________等组成，一般安装在__________的上方。

3. 进气歧管是指与___________________连接的进气管路。

4. 为使各缸排气不相互干扰及不出现排气倒流现象，并尽可能地利用______排气，排气歧管应做得尽可能长，且各缸支管应该____________、____________。

5. 排气消声器的基本原理是消耗___________________，平衡废气流的_____________。

6. 空气滤清器有多种结构形式，可分为____________空气滤清器、______________________空气滤清器、_____________空气滤清器和_______________空气滤清器。

二、判断题（正确的，在括号内打“√”；错误的，在括号内打“×”）

1. 柴油机进气系统由空气滤清器和进气歧管两个基本部分组成。（　　）

2. 柴油机排气系统由排气歧管、排气管和排气消声器等组成。（　　）

3. 为了增强柴油机的谐振进气效果，空气滤清器进气导流管的容积不宜过大。

（　　）

三、选择题（将正确答案的序号填写在括号内）

1．废气在排气管中流动时，因排气门的开闭与活塞往复运动的影响，气流呈（　　）形式。

A．导流　　B．脉动　　C．振动　　D．脉冲

2．对排气消声器的要求是消声性能好，一般应降低（　　）dB 以上排气噪声。

A．1~5　　B．5~10　　C．10~15　　D．15~20

3．以下（　　）不属于排气消声器消耗废气流的能量，平衡废气流的压力波动的方法。

A．多次改变气流方向

B．使气流重复通过收缩、扩张的断面

C．将气流分割为许多小支流并沿着不平滑的平面流动

D．使气流升温

四、简答题

1．简述空气滤清器的作用。

2．简述排气消声器的作用。

3．对排气消声器有哪些要求？

项目六 起 动 系

任务 起动系概述

一、填空题（将正确答案填写在横线上）

1. 汽车用柴油机的起动系多为电起动系，电起动系主要由__________和________________组成。

2. 柴油机辅助起动装置有____________、__________________、__________________、______________________等。

3. 中、小型柴油机各缸的减压装置一般采用____________机构，大功率柴油机减压装置一般为____________机构。柴油机多数采用________________的方式减压。

4. 起动机由________________________、____________和____________三大部分组成。

5. 传动机构也称为啮合机构。柴油机起动时，起动机的小齿轮与____________啮合，将起动机的转矩传递给______；在柴油机起动后又能使__________________与____________自动脱开。

6. 传动机构中的单向离合器包括________________单向离合器、__________单向离合器、__________单向离合器等。

7. 直流串励式电动机主要由______、______、______和______等组成。

8. 电枢由__________、____________、____________和__________等组成。

9. 滚柱式单向离合器由__________、__________________________、______以及装在内座圈孔中的______和______等组成。

10. 电磁式控制装置由____________、____________、_____________、______和______________等组成。

二、判断题（正确的，在括号内打“√”；错误的，在括号内打“×”）

1. 电起动系主要由起动机和起动机控制电路组成。（　）

2. 起动减压装置用提高起动转矩、降低起动转速的方法来改善柴油机的起动性能。（　）

3. 换向器的作用是向旋转的电枢绕组输入电流。（　）

4. 电刷架一般为框式结构，其中正极刷架与端盖绝缘，负极刷架通过机壳直接搭铁。（　）

5. 起动柴油机时，电磁开关内的两个绕组都有电流通过，因此它们均产生电磁吸力。（　）

6. 柴油机起动系的起动机很少采用电磁操纵啮合式起动机。（　）

7. 起动机的检测分为解体检测和不解体检测两种。（　）

8. 起动机解体检测过程中，检查起动继电器时，继电器线圈通电，其触点闭合，用万用表检查应导通。（　）

9. 起动机解体检测过程中，检测电枢时，将万用表置于 200 Ω 欧姆挡，两表笔放在电枢绕组两整流片上，应不导通。（　）

10. 维护起动系时，反方向转动单向离合器应无卡滞，否则应更换离合器。（　）

三、选择题（将正确答案的序号填写在括号内）

1. 直流串励式电动机中的磁极由低碳钢制成，其内端部扩大为掌形，磁极多为（　）个或（　）个。

A. 2　4　　B. 4　6

C. 3　6　　D. 3　5

2. 功率较小的起动机应用（　）单向离合器。

A. 弹簧式　　B. 摩擦片式

C. 滚柱式　　D. 楔块式

3. 检测起动机换向器直径时应用（　）。

A. 百分表　　B. 万用表

C. 内径千分尺　　D. 游标卡尺

四、简答题

1．简述起动系的作用。

2．简述起动减压装置的作用。

3．三种类型的单向离合器分别适合应用在哪些起动机上？

4．简述电磁式控制装置的工作原理。

项目七　柴油机电控喷油系

任务　柴油机电控喷油系概述

一、填空题（将正确答案填写在横线上）

1．第一代柴油机电控喷油系是________________，它用电子伺服机构代替________________控制供油滑套位置以实现对__________的调整。

2．第二代柴油机电控喷油系是________________，其特点是供油仍维持传统的________________方式，但供油量和喷油定时的调节则由________________的开闭时刻所决定。

3．第三代柴油机电控喷油系是________________________，是一种新型电控喷油系统，代表着柴油机喷油系统的发展方向。

4．柴油机电控系统由________________、________________________和__________三个部分组成。

5．信号输入装置的作用是通过______________或______________将各种控制信号输入给电子控制单元（ECU）。

6．燃油共轨式电控喷油系由__________和______________组成。

7．______________是整个柴油机电控系统的核心，它利用内部存储的软件与硬件，分析各传感器输入的__________，制定出各种控制命令送到各个__________，从而实现对柴油机的控制。

8．__________是接受 ECU 控制信号指令，具体执行某项控制功能的装置。

9．燃油喷射控制主要包括______________、______________、______________和______________等。

10．柴油机电控系统的怠速控制主要包括______________和________________________。

11．柴油机电控系统的进气控制主要包括________________、________________
______和______________________。

12．柴油机电控系统的增压控制主要包括________________和________________
______。

13．柴油机电控系统的排放控制主要是______________________________。

14．柴油机电控系统的起动控制主要包括______________________、______________
__________和________________。

15．柴油机电控系统中包含______________和__________两个子系统。

16．低压液力系统包含______、_________、______________和低压油管。

17．高压液力系统包含_________、___________、_________和高压油管。

18．电子控制系统由_________、___________、_________以及线束组成。

19．柴油细滤器安装在_________与_________之间，对进入高压油泵前的柴油进一步过滤。

20．高压液力系统除了产生高压力的组件外，还有__________和__________等。

21．喷油器由______________、________________、______________等组成。

22．电控柴油机曲轴位置传感器的结构包括______________和_________。

23．凸轮轴位置传感器的安装位置根据凸轮轴的位置不同而异。当凸轮轴下置或中置时，电控柴油机的凸轮轴位置传感器经常安装在_________上或_________上。当凸轮轴上置时，凸轮轴位置传感器位于_________上。

24．冷却液温度传感器安装在_________上。

25．进气压力传感器安装在___________上。

26．常用的加速踏板位置传感器分为__________、______________和________。

二、判断题（正确的，在括号内打“√”；错误的，在括号内打“×”）

1．第一代柴油机电控喷油系控制自由度大，控制精度好。 （　　）

2．在不同柴油机电控燃油喷射系统中，供油正时和供油量的执行元件是不同的。 （　　）

3．喷油器、喷油泵、高压油轨、电控单元为柴油共轨式电控喷油系统的四大核心部件。 （　　）

4．乘用车及轻型车用的共轨柴油机，一般仅采用柴油细滤器。 （　　）

5．冷却液温传感器主要用于测量柴油机冷却液的温度，从而进一步精确控制喷油时间。（　　）

6．燃油温度传感器向柴油机控制单元提供燃油温度信号，一般设置在第一级柴油滤清器盖内。（　　）

7．除了向高压油泵输送燃油外，电动输油泵在监控系统中还起到在必要时中断燃油输送的作用。（　　）

8．由于柴油机的安装条件不同，流量限制器（选装件）、共轨压力传感器、调压阀和限压阀的共轨油管的结构设计不同。（　　）

三、选择题（将正确答案的序号填写在括号内）

1．关于柴油机电控燃油喷射系统，下列说法不正确的是（　　）。

A．“位置控制”和“时间控制”保留了传统燃油供给系的基本组成和结构

B．“时间－压力控制”和“压力控制”基本上改变了传统燃油供给系的组成和结构

C．电控共轨式喷油系统主要包括“时间控制”和“压力控制”

D．“时间控制”是由电磁阀的通、断电时刻来控制喷油泵的供油正时和供油量的

2．关于燃油共轨式电控喷油系统的优点，下列说法不正确的是（　　）。

A．可实现高压喷射

B．设计自由度提高

C．喷射压力独立于柴油机转速，可以改善低速、小负荷性能

D．可以实现预喷射和理想喷油规律

四、简答题

1．简述柴油机电控技术的发展史，并说明各代技术的特点。

2．简述燃油共轨式电控喷油系的优点。

3．高压油泵的作用是什么？

4．曲轴位置传感器的作用是什么？

5．凸轮轴位置传感器的作用是什么？

6．共轨压力传感器的作用是什么？

7．进气压力传感器的作用是什么？

8．燃油温度传感器的作用是什么？

9．加速踏板位置传感器的作用是什么？

项目八　柴油机后处理系

任务　柴油机后处理系概述

一、填空题（将正确答案填写在横线上）

1. 尿素喷嘴将尿素泵加压的______溶液喷入尾气中。

2. 尿素箱主要用来存储__________________。

3. 尿素箱利用柴油机的冷却液进行______和______。

4. SCR 箱总成分为______和______两种。

5. SCR 箱总成上集成了____________、______________________及氮氧传感器。

6. 博世 DeNOx2.2 系统是一种成熟、稳定的车用尿素喷射系统，主要包括尿素供给单元（尿素泵）、____________________________________、__________、____________及喷射控制单元（DCU）。

7. 柴油机起动后，传感器采集________________，ECU 根据这些信号计算车用尿素的__________，控制车用尿素喷嘴______，实现车用尿素__________的精确控制。

8. 尿素泵有三个液力管路接头，分别是________________、________________和________________。

9. SCR 箱总成通过____________与柴油机排气连接管相连。

10. SCR 箱总成需要用__________________和______固定在整车上。

二、判断题（正确的，在括号内打“√”；错误的，在括号内打“×”）

1. SCR 利用车用尿素溶液与尾气中的 NO_x 混合、反应，还原成无毒的氮气，从而达到降低 NO_x 排放浓度的目的。（　　）

2. 车用尿素水溶液经尿素吸液管由尿素箱吸入尿素泵，然后泵入尿素喷嘴。（　　）

3. SCR 系统的工作过程包括初步建压、自检、正常喷射、断电倒吸。（　　）

4．断电倒吸的过程时间 90 s，该过程中应关闭整车电源。 （ ）

5．尿素泵的液力管路接头提供车用尿素水溶液从尿素泵到尿素箱的通路。 （ ）

6．尿素喷嘴将尿素泵加压的尿素溶液喷入尾气中。 （ ）

7．尿素管路即是车用尿素的通道，在安装前应保证其两端防护良好。 （ ）

8．当车用尿素箱液位低于 20% 时，仪表盘相应的指示灯闪烁警告，此时需及时加注车用尿素溶液。 （ ）

三、选择题（将正确答案的序号填写在括号内）

1．SCR 系统开始建立压力：吸液→填充→压力建立（目标值 5.5 bar，时间 $t_1 \leqslant 35$ s）。泵压力到达（ ）bar，系统开始自检。

A．6　　B．7

C．8　　D．10

2．柴油机停机后，尿素泵将系统中的车用尿素溶液倒抽回（ ），以避免残留的车用尿素溶液引起系统失效。

A．尿素箱　　B．尿素喷嘴

C．尿素管路　　D．进液管接头

3．DeNOx2.2 国Ⅳ / 国Ⅴ系统与后处理相关的传感器不包括（ ）传感器。

A．排气温度　　B．环境温度

C．氮氧　　D．转速

四、简答题

1．简述 SCR 系统的工作原理。

2．尿素泵的作用是什么？

3．简述车用尿素溶液的使用注意事项。